# もくじ

**教育出版**版
小学　算数
**2**年　準拠

教科書 **上**

JN087483

# 1　表と　グラフ

／100点

**1** 下の　絵を　見て　答えましょう。

❶　どうぶつの　数を、右の　グラフに　○で　かきましょう。　〔20点〕

❷　どうぶつの　数を　下の　表に　書きましょう。　1つ10〔40点〕

### どうぶつの　数しらべ

| しゅるい | 馬 | やぎ | 牛 | うさぎ |
|---|---|---|---|---|
| 数 |  |  |  |  |

❸　いちばん　数が　多い　どうぶつは　どれでしょうか。　〔20点〕

（　　　　　　　）

❹　同じ　数の　どうぶつは、どれと　どれでしょうか。　〔20点〕

（　　　　　　　）

### どうぶつの　数しらべ

|  |  |  |  |
|---|---|---|---|
|  |  |  |  |
|  |  |  |  |
|  |  |  |  |
|  |  |  |  |
|  |  |  |  |
|  |  |  |  |
| ○ |  |  |  |
| ○ |  |  |  |
| ○ |  |  |  |
| ○ |  |  |  |
| ○ |  |  |  |
| 馬 | やぎ | 牛 | うさぎ |

**かくにん 1**

## 1　表と　グラフ

/100点

**1** だいきさんの　組の　人たちが　家で　かって　いる
生きものの　絵を　かきました。

❶　生きものの　数を、右の　グラ
フに　○で　かきましょう。〔20点〕

❷　生きものの　数を　下の　表に
書きましょう。　　　1つ8〔40点〕

**生きものの　数しらべ**

| しゅるい | 小鳥 | うさぎ | ねこ | 犬 | 金魚 |
|---|---|---|---|---|---|
| 数 |  |  |  |  |  |

❸　2番めに　数が　多い
生きものは、どれでしょうか。〔20点〕

（　　　　　　　　）

❹　犬は、小鳥より　何びき
少ないでしょうか。　　　〔20点〕

（　　　　　　　　）

**生きものの　数しらべ**

| 小鳥 | うさぎ | ねこ | 犬 | 金魚 |
|---|---|---|---|---|
|  |  |  |  |  |
|  |  |  |  |  |
|  |  |  |  |  |
|  |  |  |  |  |
|  |  |  |  |  |
|  |  |  |  |  |
|  |  |  |  |  |
|  |  |  |  |  |
|  |  |  |  |  |
|  |  |  |  |  |

答えは
65ページ

## 2　たし算
### （たし算 ①）

／100点

**1** 計算を　しましょう。　　　　　　　　1つ10〔30点〕

① 
```
    3 5
+   2 4
─────────
```

② 
```
    1 0
+   6 0
─────────
```

③ 
```
    2 8
+   7 1
─────────
```

**2** 計算を　しましょう。　　　　　　　　1つ10〔60点〕

① 
```
  6 5
+ 2 2
─────
```

② 
```
  3 0
+ 2 1
─────
```

③ 
```
  1 4
+ 7 5
─────
```

④ 
```
  5 4
+ 4 3
─────
```

⑤ 
```
  7 8
+ 2 0
─────
```

⑥ 
```
  2 2
+ 4 1
─────
```

**3** 赤い　色紙が　16まい、青い　色紙が　22まい
あります。あわせて　何まい　あるでしょうか。　　〔10点〕

【式】

【筆算】

答え（　　　　　　　）

答えは65ページ

## 2 たし算
### （たし算 ①）

／100点

**1** 計算を しましょう。

1つ10〔30点〕

① 71＋16　　② 25＋41　　③ 60＋38

**2** 筆算で しましょう。

1つ10〔60点〕

① 45＋53　　　② 15＋82

③ 27＋12　　　④ 32＋26

⑤ 64＋20　　　⑥ 10＋80

**3** まおさんは、43円の チョコレートと 52円の
あめを 買います。あわせて 何円に なるでしょうか。

【式】

〔10点〕

【筆算】

答え（　　　　　　　）

答えは
65ページ

## 2 たし算
### (たし算 ②)

／100点

**1** 計算を しましょう。

1つ8〔48点〕

①
```
   2 5
 + 1 7
```

②
```
   3 2
 + 5 9
```

③
```
   1 8
 + 4 2
```

④
```
   6 9
 + 2 1
```

⑤
```
   7 5
 +   6
```

⑥
```
     3
 + 4 7
```

**2** 筆算で しましょう。

1つ8〔32点〕

① 35+26

② 9+19

③ 18+52

④ 84+6

**3** ひろきさんは どんぐりを 21こ もって いました。
今日 19こ ひろいました。どんぐりは、ぜんぶで
何こに なったでしょうか。

〔20点〕

【式】

【筆算】

答え(　　　　　　　)

答えは 65ページ

月　　日

**かくにん 3**

**2　たし算**
（たし算 ②）

／100点

**1** 筆算で　しましょう。

1つ10〔60点〕

① 78＋12

② 23＋38

③ 84＋8

④ 6＋44

⑤ 5＋67

⑥ 17＋63

**2** どうわの　本を　きのう　38ページ　読みました。
今日は　きのうより　7ページ　多く　読みました。
今日は　何ページ　読んだでしょうか。　　　〔20点〕

【式】

【筆算】

答え（　　　　　　　）

**3** 南小学校の　2年生は、1組が　29人、2組が
32人です。あわせて　何人でしょうか。　　　〔20点〕

【式】

答え（　　　　　　　）

答えは
65ページ

## 2　たし算
### （たし算 ③）

　／100点

**1**　計算を　しましょう。また、たされる数と　たす数を
入れかえて、答えの　たしかめも　しましょう。　1つ20〔40点〕

❶　72＋26

【筆算】　　【たしかめ】

❷　48＋35

【筆算】　　【たしかめ】

**2**　□に　あてはまる　数を　書きましょう。　1つ10〔20点〕

❶　16＋7＝□＋16

❷　25＋28＝28＋□

**3**　計算を　しなくても、答えが　同じに　なる　ことが
わかる　式を　見つけて、線で　むすびましょう。

1つ10〔40点〕

36＋21　　17＋42　　63＋12　　24＋71

・　　　　・　　　　・　　　　・

・　　　　・　　　　・　　　　・

42＋17　　71＋24　　21＋36　　12＋63

**かくにん 4**

## 2　たし算
### （たし算 ③）

/100点

**1** クリップを　さやさんは　37こ、ゆなさんは　47こ
もって　います。2人　あわせて　何こ　もって
いるでしょうか。たされる数と　たす数を　入れかえて
計算して、答えの　たしかめも　しましょう。　　〔20点〕

【式】　　　　　　　　　　　　【筆算】　　【たしかめ】

答え（　　　　　　　）

**2** えんぴつは　1本　35円、けしゴムは　1こ　46円、
ノートは　1さつ　62円です。100円までで　買える
ばあいは　○、買えない　ばあいは　×を　書きましょう。

1つ20〔80点〕

① えんぴつ　1本と　ノート　1さつ　　　（　　　　）

② けしゴム　1こと　ノート　1さつ　　　（　　　　）

③ えんぴつ　1本と　けしゴム　1こ　　　（　　　　）

④ けしゴム　2こ　　　　　　　　　　　（　　　　）

答えは
66ページ

## 3　ひき算
### （ひき算 ①）

／100点

1 ▶ 計算を しましょう。　1つ10〔30点〕

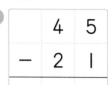

① 
```
   4 5
 － 2 1
```

② 
```
   6 7
 － 5 5
```

③ 
```
   8 6
 － 7 3
```

2 ▶ 計算を しましょう。　1つ10〔60点〕

① 
```
   7 8
 － 3 5
```

② 
```
   9 3
 － 8 3
```

③ 
```
   5 7
 － 1 3
```

④ 
```
   6 4
 － 4 0
```

⑤ 
```
   6 9
 － 2 7
```

⑥ 
```
   5 3
 － 3 3
```

3 ▶ さくらさんは、88円 もって います。62円の ガムを 買うと のこりは 何円に なるでしょうか。〔10点〕

【式】

【筆算】

答え（　　　　　　　　）

## かくにん 5

### 3 ひき算
#### （ひき算 ①）

／100点

1 筆算で しましょう。　　　　　　　　　1つ10〔60点〕

① 75−31　　　　　② 46−12

③ 98−64　　　　　④ 67−57

⑤ 52−20　　　　　⑥ 85−45

2 56円の チョコレート、32円の ラムネ、34円の
グミ、36円の せんべいが あります。　　1つ20〔40点〕

① チョコレートと グミの ねだんの
ちがいは 何円でしょうか。

【式】

答え（　　　　　　　　）

【筆算】

② 69円で、せんべいと どれか もう 1つ
買います。どれが 買えるでしょうか。

【式】

答え（　　　　　　　　）

【筆算】

答えは
66ページ

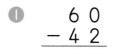

## 3　ひき算
### （ひき算 ②）

／100点

**1** 計算を しましょう。　　　　　1つ8〔48点〕

① 　60
　 −42

② 　54
　 −25

③ 　20
　 −13

④ 　43
　 −37

⑤ 　31
　 − 5

⑥ 　50
　 − 8

**2** 筆算で しましょう。　　　　　1つ8〔32点〕

① 52−16

② 83−74

③ 61−7

④ 40−4

**3** りょうさんは 80円 もって いて、48円の えんぴつを 買います。のこりは 何円に なるでしょうか。

〔20点〕

【式】

【筆算】

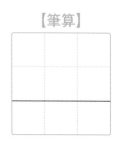

答え（　　　　　　　）

**かくにん 6**

## 3　ひき算
### （ひき算 ②）

⏱10分

／100点

**1** 計算を　しましょう。　　　　　　　　　　1つ10〔30点〕

❶ 54−29　　　❷ 80−17　　　❸ 92−4

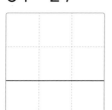
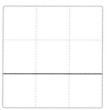
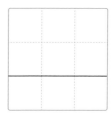

**2** 筆算で　しましょう。　　　　　　　　　　1つ10〔40点〕

❶ 90−82　　　　　　　　❷ 43−35

❸ 86−68　　　　　　　　❹ 70−3

**3** 校ていで　あそんで　いる　1年生の　数は　20人で、
2年生の　数は　18人です。1年生と　2年生の
人数の　ちがいは　何人でしょうか。　　　　　〔30点〕

【式】　　　　　　　　　　　　　　　　　【筆算】

答え（　　　　　　　　）

答えは
66ページ

# 3　ひき算
（ひき算 ③）

／100点

1▶つぎの　ひき算の　答えの
たしかめに　なる　たし算の　式を
見つけて、線で　むすびましょう。

1つ15〔60点〕

57−35　83−40　64−56　49−7
・　　　・　　　・　　　・

・　　　・　　　・　　　・
8+56　22+35　42+7　43+40

【れい】
45−3=42
だから、

45−3
↓
42+3

2▶けんたさんは　40こ　あった　あめの
うち　31こ　食べました。

1つ20〔40点〕

① のこりは　何こでしょうか。

【式】

答え（　　　　　）

② たし算を　して、答えの　たしかめを
しましょう。

【筆算】

【たしかめ】

**3　ひき算**
（ひき算 ③）

10分

／100点

**1** ちゅうりん場に　自てん車が　56台　ありました。

1つ30〔60点〕

❶　18台　出て　いきました。のこりは
何台でしょうか。
【式】

答え（　　　　　　　　）

❷　出て　いった　18台の　自てん車が　もどって
くると、何台に　なるでしょうか。
【式】　☐　+18=　☐

答え（　　　　　　　　）

**2** つぎの　計算を　筆算で　して、答えの　たしかめも
しましょう。

1つ20〔40点〕

❶　81−45

【筆算】　　　【たしかめ】

❷　90−73

【筆算】　　　【たしかめ】

答えは
67ページ

# きほん 8

## 4　長さ
### （長さ ①）

／100点

**1**　下の　線の　長さは　何mmでしょうか。　1つ10〔20点〕

① ────────────────────　（　　　　　）

② ───────────────　（　　　　　）

**2**　ものさしの　左はしから　⑦〜⑤までの　長さと　同じ
①〜④の　長さを、線で　むすびましょう。　1つ5〔20点〕

① 7cm8mm　　② 7mm　　③ 34mm　　④ 6cm

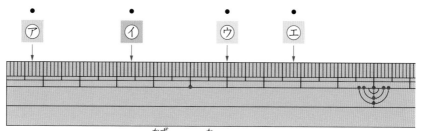

⑦　　　　⑦　　　　⑤　　　⑤

**3**　□に　あてはまる　数を　書きましょう。　1つ10〔40点〕

① 4cm＝□mm　　② 2cm7mm＝□mm

③ 50mm＝□cm　　④ 59mm＝□cm□mm

**4**　どちらが　長いでしょうか。　1つ10〔20点〕

① （32mm、3cm）　　② （7cm、69mm）

　　（　　　　　）　　　　（　　　　　）

# 4 長さ
## （長さ ①）

**1** ものさしで 長さを はかりましょう。　　1つ10〔20点〕

❶ 

❷ 

❶（　　　　　　　　　） ❷（　　　　　　　　　）

**2** □に あてはまる 数を 書きましょう。　　1つ10〔20点〕

❶ 4cmは、1cmの □ こ分の 長さです。

❷ 1mmの 17こ分の 長さは □ mmです。

また、その 長さは、□ cm □ mmです。

**3** □に あてはまる 数を 書きましょう。　　1つ10〔40点〕

❶ 10cm=□ mm　❷ 64mm=□ cm □ mm

❸ 80mm=□ cm　❹ 3cm9mm=□ mm

**4** □に あてはまる 長さの たんいを 書きましょう。

1つ10〔20点〕

❶ ダンボールの あつさ……5 □

❷ クリップの 長さ…………2 □

答えは 67ページ

## 4 長さ
（長さ ②）

／100点

**1** つぎの 長さの 直線を かきましょう。　　1つ10〔30点〕

① 5cm　　　　　　　　② 3cm 3mm

③ 75mm

**2** 2本の 直線が あります。　　1つ15〔30点〕

ⓐ ━━━━━━━━━━　　　　　5cm
ⓘ ━━━━━━━━━━━　　　6cm 2mm

① ⓐの 直線と ⓘの 直線を つなげると、長さは どれだけに なるでしょうか。（　　　　　　　　）

② ⓐの 直線と ⓘの 直線では、どちらが どれだけ 長いでしょうか。（　　　　　　　　）

**3** □に あてはまる 数を 書きましょう。　　1つ10〔40点〕

① 5cm 8mm＋3cm＝□cm□mm

② 9cm 3mm−4cm＝□cm□mm

③ 5mm＋9cm 4mm＝□cm□mm

④ 4cm 8mm−6mm＝□cm□mm

答えは
67ページ

## 4 長さ
（長さ ②）

／100点

**1** □に あてはまる 数を 書きましょう。　　1つ10〔40点〕

① 13cm4mm＋5cm＝ □ cm □ mm

② 14cm6mm−7cm＝ □ cm □ mm

③ 2mm＋4cm3mm＝ □ cm □ mm

④ 8cm9mm−4mm＝ □ cm □ mm

> ものさしで はかって 長さを たそう。

**2** ⓐの 線の 長さと ⓘの 線の 長さを くらべましょう。　　1つ15〔45点〕

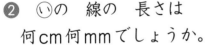

① ⓐの 線の 長さは 何cmでしょうか。

（　　　　　　　）

② ⓘの 線の 長さは 何cm何mmでしょうか。

（　　　　　　　）

③ ⓐと ⓘの 線の 長さの ちがいは どれだけでしょうか。

（　　　　　　　）

**3** 長さが 25cmの リボンが あります。18cm つかうと、何cm のこるでしょうか。　　〔15点〕

【式】

答え（　　　　　　　）

> 答えは 67ページ

# 5 100より 大きい 数
## (100より 大きい 数①)

/100点

**1** 716の つぎの 位の 数字は 何でしょうか。1つ6〔12点〕

① 百の位 （　　　）　② 十の位 （　　　）

**2** 数字で 書きましょう。　1つ8〔24点〕

① 八百八 （　　　）　② 四百 （　　　）

③ 100を 7こと、10を 2こ あわせた 数

（　　　）

**3** 下の 数の線を 見て 答えましょう。

あ [　　]　　　　　　　　い [　　]　う [　　]

0　100　200　300　400　500　600

① いちばん 小さい 1めもりは、いくつを
あらわして いるでしょうか。〔10点〕（　　　）

② 上の □に あてはまる 数を 書きましょう。
□1つ8〔24点〕

③ 260と 340を あらわす めもりに ↓を
書きましょう。↓1つ10〔20点〕

④ ③の どちらが 大きいか、＞か ＜の しるしを
つかって あらわしましょう。〔10点〕（　　　）

# 5 100より 大きい 数
## （100より 大きい 数 ①）

10分

／100点

**1** □に あてはまる 数を 書きましょう。　□1つ6〔30点〕

● 400　ⓐ[　]　420　430　ⓘ[　]　450　ⓤ[　]

❷ 750　755　ⓔ[　]　765　770　ⓞ[　]

**2** □に あてはまる ＞か ＜の しるしを
書きましょう。　1つ10〔40点〕

● 397 □ 405　　　❷ 687 □ 678

❸ 809 □ 801　　　❹ 101 □ 98

**3** 下の 数の線で、つぎの 数を あらわす めもりに
↓と その 数を 書きましょう。　1つ10〔30点〕

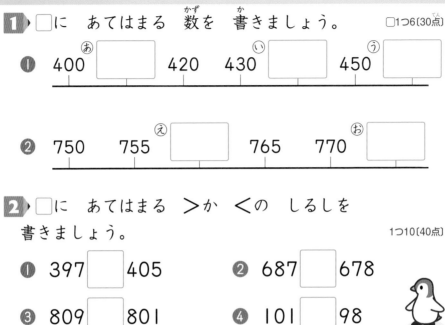

0　　　　　　　　　　　　　　500

● 100を 2こと、10を 8こ あわせた 数
❷ 600より 50 小さい 数
❸ 340より 100 大きい 数

答えは
67ページ

# 5 100より 大きい 数
## （100より 大きい 数 ②）

／100点

**1** □に あてはまる 数を 書きましょう。　1つ12〔36点〕

❶ 10を 39こ あつめた 数は ［　　　］です。

❷ 470は 10を ［　　　］こ あつめた 数です。

❸ 1000は 100を ［　　　］こ あつめた 数です。

**2** □に あてはまる 数を 書きましょう。　1つ12〔24点〕

❶ 60+70の 計算は、10が ［　　　］+7と 考え、

答えは、10が 13こで ［　　　］です。

$$⑩⑩⑩⑩⑩⑩ \longleftarrow ⑩⑩⑩⑩⑩⑩⑩$$

❷ 130-80の 計算は、10が 13-［　　　］と 考え、

答えは、10が 5こで ［　　　］です。

$$⑩⑩⑩⑩⑩ \quad ⑩⑩⑩⑩⑩⑩⑩⑩$$

**3** 計算を しましょう。　1つ10〔40点〕

❶ 200+700　　　❷ 800-500

❸ 350+40　　　❹ 480-60

**かくにん 11**

# 5 100より 大きい 数
## (100より 大きい 数 ②)

/100点

**1** 458に ついて、□に 数を 書きましょう。　1つ7〔28点〕

❶ 100を □ こと、10を □ こと、1を □ こ あわせた 数です。

❷ 百の位の 数字が □ で、十の位の 数字が □ で、一の位の 数字が □ の 数です。

❸ 458より 1 大きい 数は □ です。

❹ 458より 100 大きい 数は □ です。

**2** □に あてはまる 数を 書きましょう。　1つ8〔24点〕

❶ 1000は □ より 1 大きい 数です。

❷ 980より 20 大きい 数は □ です。

❸ 1000は、□ を 100こ あつめた 数です。

**3** 計算を しましょう。　1つ8〔48点〕

❶ 90+50

❷ 160−70

❸ 200+400

❹ 1000−100

❺ 820+30

❻ 560−60

答えは
**68ページ**

## 6　たし算と　ひき算
### （たし算と　ひき算①）

／100点

**1** 計算を　しましょう。

1つ7〔42点〕

① 
$$\begin{array}{r} 42 \\ +93 \\ \hline \end{array}$$

② 
$$\begin{array}{r} 63 \\ +71 \\ \hline \end{array}$$

③ 
$$\begin{array}{r} 97 \\ +12 \\ \hline \end{array}$$

④ 
$$\begin{array}{r} 50 \\ +63 \\ \hline \end{array}$$

⑤ 
$$\begin{array}{r} 37 \\ +90 \\ \hline \end{array}$$

⑥ 
$$\begin{array}{r} 89 \\ +50 \\ \hline \end{array}$$

**2** 計算を　しましょう。

1つ7〔42点〕

① 
$$\begin{array}{r} 66 \\ +78 \\ \hline \end{array}$$

② 
$$\begin{array}{r} 94 \\ +57 \\ \hline \end{array}$$

③ 
$$\begin{array}{r} 76 \\ +34 \\ \hline \end{array}$$

④ 
$$\begin{array}{r} 46 \\ +59 \\ \hline \end{array}$$

⑤ 
$$\begin{array}{r} 96 \\ +\ \ 8 \\ \hline \end{array}$$

⑥ 
$$\begin{array}{r} 7 \\ +93 \\ \hline \end{array}$$

**3** 計算を　しましょう。

1つ8〔16点〕

①

| | 6 | 4 | 5 |
|---|---|---|---|
| + | | | 8 |
| | | | |

②

| | 3 | 4 | 8 |
|---|---|---|---|
| + | | 2 | 7 |
| | | | |

**かくにん 12**

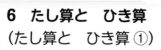

# 6　たし算と　ひき算
## （たし算と　ひき算 ①）

／100点

**1** 計算を　しましょう。　　　　　　　　　　1つ10〔60点〕

① 54+65　　　　　　② 90+43

③ 79+87　　　　　　④ 64+36

⑤ 47+55　　　　　　⑥ 92+9

**2** 計算を　しましょう。　　　　　　　　　　1つ10〔30点〕

①
```
  819
+   7
```

②
```
  376
+  18
```

③
```
  425
+  35
```

**3** そらさんの　組では、ミニトマトを、きのうは　95こ、今日は　きのうより　8こ　多く　とりました。
　　今日は　何こ　とったでしょうか。　　　　　　〔10点〕

【式】

【筆算】

答え（　　　　　　　　　　）

答えは
68ページ

## 6　たし算と　ひき算
### （たし算と　ひき算②）

／100点

**1** 計算を　しましょう。　　　　　　　　1つ9〔54点〕

① 
```
  1 3 6
-   7 4
```

② 
```
  1 0 6
-   3 6
```

③ 
```
  1 5 4
-   6 5
```

④ 
```
  1 8 0
-   8 3
```

⑤ 
```
  1 0 5
-   9 7
```

⑥ 
```
  1 0 1
-     5
```

**2** 計算を　しましょう。　　　　　　　　1つ9〔18点〕

① 472−39

② 543−5

**3** えんぴつが　108本　ありました。29人の　子どもに 1本ずつ　くばりました。えんぴつは　何本　のこって いるでしょうか。　　　　〔10点〕

【筆算】

【式】

答え（　　　　　　　　）

**4** くふうして　計算しましょう。　　　　1つ9〔18点〕

① 19+2+8

② 4+37+16

## 6 たし算と ひき算
### （たし算と ひき算 ②）

／100点

**1** 計算を しましょう。　　　　　1つ10〔30点〕

① 　167
　− 　76

② 　143
　− 　70

③ 　240
　− 　38

**2** 計算を しましょう。　　　　　1つ10〔40点〕

① 176−87

② 150−59

③ 100−91

④ 100−46

**3** くふうして 計算しましょう。　1つ10〔20点〕

① 8+25+25

② 26+17+74

**4** しほさんは あめを 16こ もって いました。
ともやさんから 18こ、れいさんから 12こ
もらいました。ぜんぶで 何こに なったでしょうか。
くふうして 計算しましょう。　　　　〔10点〕

【式】

答え（　　　　　　　）

答えは 68ページ

## 7 時こくと 時間

/100点

① つぎの 時間を もとめましょう。　　1つ10〔30点〕

| おきる | 朝ごはんを 食べはじめる | 朝ごはんを 食べおわる | 家を 出る |

① おきてから 朝ごはんを 食べはじめるまでの 時間

(　　　　　　　)

② 朝ごはんを 食べはじめてから 食べおわるまでの 時間

(　　　　　　　)

③ おきてから 家を 出るまでの 時間

(　　　　　　　)

② □に あてはまる 数を 書きましょう。　　1つ14〔70点〕

① |時間= □ 分　　② |時間20分= □ 分

③ |日= □ 時間　　④ 70分= □ 時間 □ 分

⑤ 正午から 午後|時までは □ 時間です。

答えは
68ページ

## 7 時こくと 時間

/100点

**1** 右の ⑥の 時計は、学校から 帰った 後 友だちと あそびはじめた 時こく、◎の 時計は、あそびおわった 時こくです。

1つ18〔36点〕

❶ あそびはじめた 時こくは 何時でしょうか。午前か 午後を つけて 書きましょう。

（　　　　　　　　　　　）

❷ あそんで いた 時間は 何時間でしょうか。

（　　　　　　　　　　　）

**2** □に あてはまる 数を 書きましょう。　1つ16〔48点〕

❶ 60分＝□時間　　❷ 65分＝□時間□分

❸ 午前は □時間です。午後は □時間です。

**3** たくとさんは 午後5時20分から 20分間 本を 読みました。本を 読みおわった 時こくは 何時何分でしょうか。午前か 午後を つけて 書きましょう。〔16点〕

（　　　　　　　　　　　）

答えは 68ページ

# 8　水のかさ

／100点

**1** やかんに入る水のかさを、|リットルますではかりました。水のかさは何L何dLでしょうか。　1つ10〔20点〕

① （　　　　　　　　）　② （　　　　　　　　）

**2** □にあてはまる数を書きましょう。　1つ10〔20点〕

① 7dL = □ mL　② 8L = □ dL

**3** □にあてはまる数を書きましょう。　1つ10〔40点〕

① 5L + 3L = □ L

② 2L + 1L4dL = □ L □ dL

③ 5L3dL − 2L = □ L □ dL

④ 6L8dL − 7dL = □ L □ dL

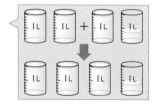

**4** □にあてはまるかさのたんいを書きましょう。　1つ10〔20点〕

① ふろのよくそうに入った水のかさ………200 □

② かんに入ったジュースのかさ…………250 □

## 8 水のかさ

／100点

**1** つぎの水のかさは何L何dL でしょうか。　1つ10〔20点〕

①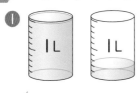

②

(　　　　　　　)　　　　(　　　　　　　)

**2** □にあてはまる数を書きましょう。　1つ5〔10点〕

① 500mL = ☐ dL

② 49dL = ☐ L ☐ dL

**3** □にあてはまる数を書きましょう。　1つ10〔40点〕

① 700mL − 400mL = ☐ mL

② 5dL + 5L2dL = ☐ L ☐ dL

③ 2L8dL + 3dL = ☐ L ☐ dL

④ 6L4dL − 7dL = ☐ L ☐ dL

**4** □にあてはまる＞か＜のしるしを書きましょう。1つ10〔30点〕

① 300mL ☐ 30dL

② 5L ☐ 500mL

③ 600dL ☐ 6L

答えは 69ページ

## きほん 16

## 9　三角形と四角形
（三角形と四角形 ①）

／100点

1▶ 直線だけでかこまれた形はどれでしょうか。すべて
えらんで○をつけましょう。　　　　　　　　　　　〔20点〕

 ア　 イ　 ウ　エ　オ　 カ

2▶ □にあてはまることばを書きましょう。　1つ10〔40点〕

まわりの直線
❶ □

かどの点
❷ □

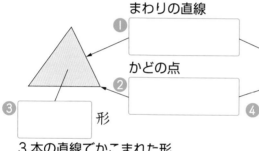

❸ □ 形
3本の直線でかこまれた形

❹ □ 形
4本の直線でかこまれた形

3▶ 点と点を直線でむすんで、つぎの形をかんせいさせ
ましょう。　　　　　　　　　　　　　　　　　1つ20〔40点〕

❶　三角形を2つ

❷　四角形を2つ

# 9　三角形と四角形
## （三角形と四角形 ①）

**1** 下の図で、つぎの形はどれでしょうか。それぞれすべて
えらびましょう。　　　　　　　　　　　1つ20〔60点〕

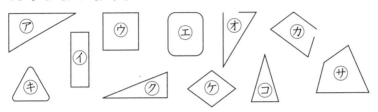

① 三角形　　　　　　　　　　（　　　　　　　）

② 四角形　　　　　　　　　　（　　　　　　　）

③ 三角形でも四角形でもない　（　　　　　　　）
　もの

**2** □にあてはまる数を書きましょう。　　1つ10〔20点〕

① 三角形には、辺は □ つ、ちょう点は □ つあります。

② 四角形には、辺は □ つ、ちょう点は □ つあります。

**3** 右の形は三角形とはいえません。
　そのわけを書きましょう。　　〔20点〕

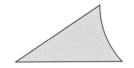

（　　　　　　　　　　　　　　　　　）

答えは
69ページ

# 9 三角形と四角形
## （三角形と四角形 ②）

／100点

**1** 右の三角じょうぎのかどで、直角になっているのはどこでしょうか。すべてえらびましょう。 〔10点〕

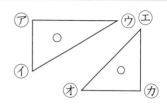

( )

**2** □にあてはまることばを書きましょう。 □1つ10〔30点〕

① 正方形は、4つのかどがみんな [        ] で、

4つの [        ] の長さがみんな同じです。

② 直角のかどがある三角形を [        ] といいます。

**3** 下の図で、長方形、正方形、直角三角形はどれでしょうか。それぞれすべてえらびましょう。 1つ20〔60点〕

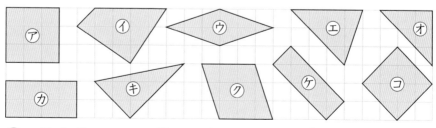

① 長方形 ② 正方形 ③ 直角三角形

( ) ( ) ( )

10分

/100点

## 9　三角形と四角形
### （三角形と四角形 ②）

**1** 下の方がんの1めもりを1cmとして、つぎの形を
かきましょう。　　　　　　　　　　　　　　　　1つ20〔40点〕

❶　1つの辺の長さが3cmの正方形
❷　2つの辺の長さが4cmと2cmの長方形

❶

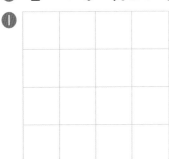

❷

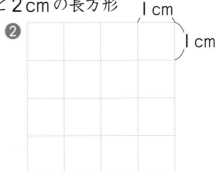

1 cm
1 cm

**2** 右の図の四角形は長方形です。
図の中に直角三角形はいくつ
あるでしょうか。　　〔20点〕

（　　　　　　）

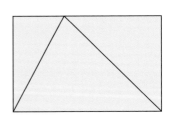

**3** つぎの形のまわりの長さは何cmでしょうか。　　1つ20〔40点〕

❶

5cm
4cm　長方形

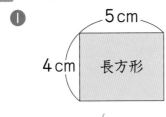

（　　　　　　）

❷

7cm
正方形

（　　　　　　）

答えは
69ページ

## 10　かけ算
（かけ算 ①）

〈／100点〉

**1** みかんが|さらに4こずつのって
います。2さら分のみかんの数を
あらわす式はどれでしょうか。　〔20点〕

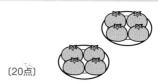

⑦　2×2　　⑦　4×2

⑦　2×4　　⑤　4×4

（　　　）

**2** □にあてはまる数を書きましょう。　1つ20〔40点〕

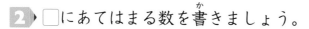

❶　7×4の答えは、7+7+7+□ でもとめることが
できます。

❷　5×3の答えは、□＋□＋□ でもとめること
ができます。

**3** 絵を見て、かけ算の式にあらわして、答えを
もとめましょう。

1つ20〔40点〕

❶

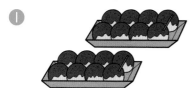

【式】□ × □ = □

１つ分の数　　いくつ分　　ぜんぶの数

答え □ こ

❷

【式】□ × □ = □

答え □ こ

答えは
69ページ

# 10　かけ算
## （かけ算①）

/100点

**1**　絵を見て、かけ算の式にあらわしましょう。　　　1つ10〔20点〕

①

②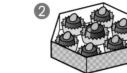

（　　　　　　　）　　　　　　　（　　　　　　　）

**2**　図と合う式を線でむすびましょう。　　　1つ15〔60点〕

① 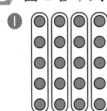　② 　③ 　④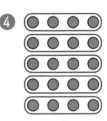

・　　　　　・　　　　　・　　　　　・


・　　　　　・　　　　　・　　　　　・

㋐　4×5　　㋑　2×6　　㋒　5×4　　㋓　3×4

**3**　パンが6こずつ入ったふくろが2ふくろあります。
　　パンはぜんぶで何こあるでしょうか。かけ算の式に
あらわして、答えをもとめましょう。　　　　　〔20点〕

【式】


　　　　　　　　　　　　　　　　答え（　　　　　　　）

答えは
69ページ

# 10　かけ算
## （かけ算 ②）

／100点

**1** バナナはぜんぶで何本あるでしょうか。
かけ算の式にあらわしましょう。

1つ10〔30点〕

① 　　　　$5 \times 2 = \boxed{\phantom{0}}$

② 　　　$5 \times \boxed{\phantom{0}} = \boxed{\phantom{0}}$

③ 　　$\boxed{\phantom{0}} \times \boxed{\phantom{0}} = \boxed{\phantom{0}}$

**2** ケーキが1さらに2こずつ
のっています。　　1つ15〔30点〕

① 3さら分のケーキの数を、
かけ算でもとめましょう。

【式】　$2 \times \boxed{\phantom{0}} = \boxed{\phantom{0}}$　　答え（　　　　　）

② 4さら分のケーキの数を、かけ算でもとめましょう。

【式】　　　　　　　　　答え（　　　　　）

**3** 計算をしましょう。
1つ10〔40点〕

① 5×6　　　　　　② 2×5

③ 5×9　　　　　　④ 2×7

答えは
70ページ

**かくにん 19**

## 10 かけ算
（かけ算 ②）

／100点

10分

**1** つぎのカードの上の式に合う答えを、下からえらんで線でむすびましょう。

1つ10〔40点〕

① 2×6　② 5×7　③ 5×5　④ 2×8

ア 16　イ 25　ウ 12　エ 35

**2** あめを1人に2こずつくばります。7人にくばるには、あめは何こいるでしょうか。　〔20点〕

【式】

答え（　　　　　）

**3** ゼリーが1はこに5こずつ入っています。　1つ20〔40点〕

① 3はこ分では、ゼリーはぜんぶで何こあるでしょうか。

【式】

答え（　　　　　）

② 6はこ分では、ゼリーはぜんぶで何こあるでしょうか。

【式】

答え（　　　　　）

答えは
70ページ

# 10　かけ算
## （かけ算 ③）

／100点

**1** Ⅰ台の自どう車に３人ずつのります。

❶　自どう車が６台のとき、ぜんぶで何人のれるでしょうか。〔8点〕

$3×6=$ ☐　☐ 人

❷　７台分から９台分まで、のれる人数をじゅんにもとめましょう。

1つ8〔24点〕

あ　７台分　　　$3×7=$ ☐　　☐ 人

い　８台分　　　$3×$ ☐ $=$ ☐　　☐ 人

う　９台分　　☐ $×$ ☐ $=$ ☐　　☐ 人

❸　自どう車がⅠ台ふえると、のれる人数は何人多くなるでしょうか。〔8点〕

（　　　　　　）

**2** 計算をしましょう。

1つ10〔60点〕

① 4×1　　　　　② 4×3

③ 4×7　　　　　④ 4×5

⑤ 4×9　　　　　⑥ 4×2

# 10　かけ算
## （かけ算 ③）

／100点

**1** □にあてはまる数を書きましょう。　　1つ10〔20点〕

① 3のだんの九九では、かける数が1ふえると、

答えは □ ふえます。

② □ のだんの九九では、かける数が1ふえると、

答えは4ふえます。

**2** つぎのカードの上の答えに合う式を、下からえらんで
線でむすびましょう。　　1つ10〔40点〕

① 16　　② 32　　③ 15　　④ 12

・　　　　・　　　　・　　　　・

・　　　　・　　　　・　　　　・

㋐ 3×4　　㋑ 3×5　　㋒ 4×4　　㋓ 4×8

**3** 1本3cmのリボンを3本作ります。リボンは何cm
あればよいでしょうか。　　〔20点〕

【式】

答え（　　　　　　　）

**4** 子どもが6人います。ボールを1人に4こずつ
くばるには、ボールはぜんぶで何こいるでしょうか。　〔20点〕

【式】

答え（　　　　　　　）

答えは
70ページ

# きほん 21

## 11　かけ算九九づくり
### （かけ算九九づくり ①）

／100点

**1** まん中の数にまわりの数をかけた答えを書きましょう。　1つ5〔40点〕

**2** 6のだんの九九について答えましょう。　1つ10〔20点〕

① 6のだんの九九では、かける数が1ふえると、答えはいくつふえるでしょうか。　（　　　　）

② 6×3と同じ答えになる3のだんの九九を書きましょう。　（　　　　）

**3** 計算をしましょう。　1つ5〔40点〕

① 7×4

② 7×9

③ 7×5

④ 7×7

⑤ 7×3

⑥ 7×6

⑦ 7×2

⑧ 7×8

答えは70ページ

# 11　かけ算九九づくり
## （かけ算九九づくり ①）

/100点

**1** みかんが7こずつ6れつならんでいます。

　□にあてはまる数を書いて、3人の計算のしかたを
せつ明しましょう。

1つ10〔50点〕

〔ななみ〕　たし算で、

$$7+7+7+7+7+7=❶\boxed{\phantom{00}}$$

〔あおい〕　$5×6$の答えと

❷$\boxed{\phantom{00}}$$×6$の答えをたして、

❸$\boxed{\phantom{00}}$

〔えいた〕　6のだんの九九で、❹$\boxed{\phantom{00}}$$×7=$❺$\boxed{\phantom{00}}$

**2** □にあてはまる数を書きましょう。

1つ10〔20点〕

❶　$6×8$の答えは、$6×7$の答えより$\boxed{\phantom{00}}$大きいです。

❷　$7×9$の答えは、$7×8$の答えより$\boxed{\phantom{00}}$大きいです。

**3** 1チーム6人のバレーボールのチームを4つつくるには、
ぜんぶで何人いればよいでしょうか。

〔30点〕

【式】

答え（　　　　　　　　）

答えは70ページ

# 11　かけ算九九づくり
## （かけ算九九づくり ②）

/100点

**1** まん中の数にまわりの数をかけた答えを書きましょう。　1つ6〔48点〕

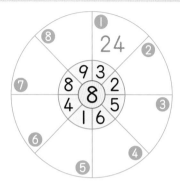

**2** かけ算の式に書いて、答えをもとめましょう。　1つ8〔16点〕

① 1円玉3まいで何円になるでしょうか。

【式】

答え（　　　　　　　　　）

② あつさ1cmの本を8さつつみかさねると、高さはぜんぶで何cmになるでしょうか。

【式】

答え（　　　　　　　　　）

**3** 計算をしましょう。　1つ6〔36点〕

① 9×2　　　　　　② 9×5

③ 9×7　　　　　　④ 9×4

⑤ 9×9　　　　　　⑥ 9×3

答えは
70ページ

# 11　かけ算九九づくり
## （かけ算九九づくり ②）

10分

／100点

1 □にあてはまる数を書きましょう。　　　　1つ10〔20点〕

❶ 8×6の答えは、8×5の答えより □ 大きいです。

❷ 9×3の答えは、9×2の答えより □ 大きいです。

2 1まい8円の画用紙があります。　　　　1つ15〔30点〕

❶ 4まい買うと、何円になるでしょうか。
【式】

　　　　　　　　　　　　　　　　答え（　　　　　　　）

❷ 7まい買うと、何円になるでしょうか。
【式】

　　　　　　　　　　　　　　　　答え（　　　　　　　）

3 1人に1本ずつえんぴつをくばります。9人にくばるに
は、えんぴつはぜんぶで何本いるでしょうか。　　〔25点〕
【式】

　　　　　　　　　　　　　　　　答え（　　　　　　　）

4 子どもが8人います。あめを1人に9こずつくばります。
あめはぜんぶで何こいるでしょうか。　　　　〔25点〕
【式】

　　　　　　　　　　　　　　　　答え（　　　　　　　）

答えは
70ページ

# 11　かけ算九九づくり
## （かけ算九九づくり ③）

／100点

**1**　[　　　　]の5倍の長さになるように、色をぬりましょう。

❶　　　　　　　　　　　　　　　　　　　　　　　　　1つ10〔20点〕

❷

**2**　右の図を見て答えましょう。　1つ20〔40点〕

❶　つみ木の数は、何この何倍
　でしょうか。

　　　（　　　　　　　　　　　　）

❷　つみ木はぜんぶで何こあるでしょうか。
【式】

　　　　　　　　　　　答え（　　　　　　　　　）

**3**　1こ8円のあめ5こと、95円のジュースを買います。

1つ20〔40点〕

❶　あめ5こで何円でしょうか。
【式】

　　　　　　　　　　　答え（　　　　　　　　　）

❷　ぜんぶで何円でしょうか。
【式】

　　　　　　　　　　　答え（　　　　　　　　　）

答えは
71ページ

# 11　かけ算九九づくり
## （かけ算九九づくり ③）

/100点

**1** かけ算の式を書いて、答えをもとめましょう。

❶ 5人の3倍は何人でしょうか。

1つ20〔40点〕

【式】

答え（　　　　　　　　　）

❷ 2本の6倍は何本でしょうか。

【式】

答え（　　　　　　　　　）

**2** きのうあきかんを6こひろいました。今日はその数の
3倍ひろいました。今日は何こひろったでしょうか。〔20点〕

【式】

答え（　　　　　　　　　）

**3** しゃしんを右のようにアルバ
ムにはりました。しゃしんは
ぜんぶで何まいあるでしょうか。
九九をつかって、くふうして
もとめましょう。　　〔20点〕

【式】

答え（　　　　　　　　　）

**4** 1はこ7こ入りのドーナツを2はこもらいました。
9こ食べると、何このこるでしょうか。　　〔20点〕

【式】

答え（　　　　　　　　　）

答えは
71ページ

## 12　長いものの長さ

/100点

**1** テーブルのよこの
長さを30cmの
ものさしではかったら、
ちょうど4こ分ありました。

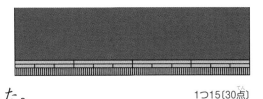

1つ15〔30点〕

① テーブルのよこの長さは何cmでしょうか。

（　　　　　　　　）

② テーブルのよこの長さは、1mより何cm長い
でしょうか。

（　　　　　　　　）

**2** □にあてはまる数を書きましょう。　　1つ10〔20点〕

① 300cm＝ □ m　　② 1m80cm＝ □ cm

**3** □にあてはまる数を書きましょう。　　1つ15〔30点〕

① 2m30cm＋5m＝ □ m □ cm

② 7m9cm－4m＝ □ m □ cm

**4** □にあてはまる長さのたんいを書きましょう。　1つ10〔20点〕

① 本のよこの長さ ……………………………18 □

② プールのたての長さ ………………………25 □

## 12　長いものの長さ

**1** □にあてはまる数を書きましょう。　1つ10〔40点〕

① 8mは、1mの□こ分の長さです。

② 295cm＝□m□cm

③ 6m7cm＝□cm

④ 1mのものさしで3こ分と、30cmのものさしで2こ分の長さをあわせると、長さは、□m□cmです。

**2** □にあてはまる数を書きましょう。　1つ10〔30点〕

① 3m20cm＋60cm＝□m□cm

② 2m80cm－40cm＝□m□cm

③ 7m50cm－4m30cm＝□m□cm

**3** 1本が35cmのテープを3本まっすぐつなぐと、何cmになるでしょうか。また、それは何m何cmでしょうか。

（　）1つ15〔30点〕

（　　　cm）（　　m　　cm）

答えは71ページ

## 13　九九の表

／100点

**1** 右の九九の表を見て答えましょう。

1つ20〔80点〕

かける数

| | 1 | 2 | 3 | 4 | 5 | 6 | 7 | 8 | 9 |
|---|---|---|---|---|---|---|---|---|---|
| 1 | 1 | 2 | 3 | 4 | 5 | 6 | 7 | 8 | 9 |
| 2 | 2 | 4 | 6 | 8 | 10 | 12 | 14 | 16 | 18 |
| 3 | 3 | 6 | 9 | 12 | 15 | 18 | 21 | 24 | 27 |
| 4 | 4 | 8 | 12 | 16 | 20 | 24 | 28 | 32 | 36 |
| 5 | 5 | 10 | 15 | 20 | 25 | 30 | 35 | 40 | 45 |
| 6 | 6 | 12 | 18 | 24 | 30 | 36 | 42 | 48 | 54 |
| 7 | 7 | 14 | 21 | 28 | 35 | 42 | 49 | 56 | 63 |
| 8 | 8 | 16 | 24 | 32 | 40 | 48 | 56 | 64 | 72 |
| 9 | 9 | 18 | 27 | 36 | 45 | 54 | 63 | 72 | 81 |

（左の列：かけられる数）

❶ 8のだんの九九では、かける数が1ふえると、答えはいくつふえるでしょうか。

（　　　　　　）

❷ 9×7と答えが同じになる九九を書きましょう。

（　　　　　　）

❸ 答えが18になる九九を、ぜんぶ書きましょう。

（　　　　　　）

❹ 2のだんと5のだんの答えをたすと、何のだんの答えになるでしょうか。

（　　　　　　）

**2** □にあてはまる数を書きましょう。

□1つ10〔20点〕

3×11の答えは、11×□の答えと同じだから、

11＋11＋11＝□

# かくにん 25

## 13　九九の表

/100点

**1** □にあてはまる数を書きましょう。　　　　1つ10〔20点〕

① 6×8の答えは、6×9の答えより □ 小さいです。

② 7×3の答えは、□×7の答えと同じです。

**2** 答えが同じになるカードを、線でむすびましょう。

1つ10〔40点〕

① 8×2　　② 8×3　　③ 4×9　　④ 7×6

・　　　・　　　・　　　・

・　　　・　　　・　　　・

㋐ 6×6　　㋑ 2×8　　㋒ 6×7　　㋓ 4×6

**3** 4×14の答えを、それぞれ図のように考えて
もとめましょう。　　　　1つ20〔40点〕

①
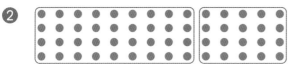

【式】　　　　　　　　　　答え（　　　　　　）

②

【式】　　　　　　　　　　答え（　　　　　　）

答えは
71ページ

# 14　はこの形

／100点

**1** 右のはこの形について答えましょう。

1つ15〔45点〕

① 面はいくつある
でしょうか。

（　　　　　）

② あの面の形は何という四角形
でしょうか。

（　　　　　）

③ いと同じ形の面は、いのほかにいくつ
あるでしょうか。

（　　　　　）

**2** 右の図を組み立てると、下のア〜ウの
どのはこができるでしょうか。　〔15点〕

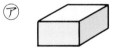   

ア　　　　　　　　イ　　　　　ウ

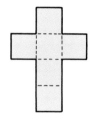

（　　　　　）

**3** ひごとねん土玉で、右のようなはこの形を
作りました。　1つ20〔40点〕

① ねん土玉を何こつかって
いるでしょうか。

（　　　　　）

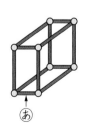

② あと同じ長さのひごを、ぜんぶで何本
つかっているでしょうか。

（　　　　　）

答えは
71ページ

かくにん
**26**

**14　はこの形**

/100点

**1** 右のはこの形について、答えましょう。

1つ20〔80点〕

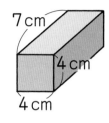

7cm

4cm

4cm

① 正方形の面は、いくつあるでしょうか。

（　　　　　　）

② 長さが7cmの辺は、いくつあるでしょうか。

（　　　　　　）

③ 長さが4cmの辺は、いくつあるでしょうか。

（　　　　　　）

④ ちょう点は、いくつあるでしょうか。

（　　　　　　）

**2** 組み立てるとはこの形になるものはどれでしょうか。〔20点〕

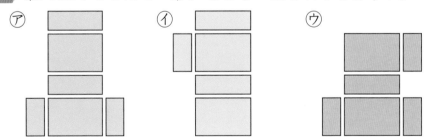

㋐　　　　　　　　　㋑　　　　　　　　　㋒

（　　　　　　）

答えは
71ページ

**1** 紙は何まいあるでしょうか。数字で書きましょう。

1つ10〔20点〕

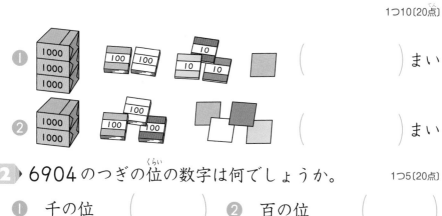

❶ （　　　　）まい

❷ （　　　　）まい

**2** 6904 のつぎの位の数字は何でしょうか。

1つ5〔20点〕

❶　千の位　（　　　）　　❷　百の位　（　　　）

❸　十の位　（　　　）　　❹　一の位　（　　　）

**3** □にあてはまる＞か＜のしるしを書きましょう。

1つ10〔40点〕

❶　7000 □ 6909　　❷　4567 □ 4675

❸　5039 □ 5048　　❹　8416 □ 8412

**4** □にあてはまる数を書きましょう。

1つ10〔20点〕

❶　100 を 15 こあつめた数は □ です。

❷　2700 は 100 を □ こあつめた数です。

# 15　1000より大きい数
## （1000より大きい数 ①）

／100点

**1** つぎの数を数字で書きましょう。　　　　1つ10〔20点〕

① 六千七百三　　　　② 二千五

（　　　　　　　　）　（　　　　　　　　）

**2** □にあてはまる数を書きましょう。　　　　1つ10〔30点〕

① 1000を7こと、1を3こあわせた数は、□

です。

② 3608は、1000を□こと、100を□こと、

1を□こあわせた数です。

③ 千の位の数字が3、百の位の数字が7、十の位の数字

が4、一の位の数字が8の数は、□です。

**3** □にあてはまる数を書きましょう。　　　　1つ15〔30点〕

① 100を40こあつめた数は□です。

② 5100は100を□こあつめた数です。

**4** □にあてはまる＞か＜のしるしを書きましょう。

1つ10〔20点〕

① 6231□6321　　　② 5089□5090

答えは
71ページ

# 15　1000より大きい数
## （1000より大きい数 ②）

／100点

**1** □にあてはまる数を書きましょう。　1つ10〔30点〕

❶　10000は8000より ［　　　］ 大きい数です。

❷　10000より100小さい数は ［　　　］ です。

❸　10000は1000を ［　　］ こあつめた数です。

**2** 下の数の線を見て答えましょう。

5000　6000　7000　8000　9000　10000

ⓐ　　　　　　ⓘ　　　　　　ⓤ

❶　いちばん小さい1めもりはいくつを
あらわしているでしょうか。　〔10点〕　（　　　　）

❷　ⓐ、ⓘ、ⓤの数を書きましょう。　（ ）1つ10〔30点〕

ⓐ（　　　　）　ⓘ（　　　　）　ⓤ（　　　　）

❸　8900をあらわすめもりに↑を書きましょう。　〔10点〕

**3** 計算をしましょう。　1つ5〔20点〕

❶　400+800　　　❷　600+700

❸　1300−400　　❹　1600−800

## 15　1000より大きい数
## （1000より大きい数 ②）

／100点

**1** □にあてはまる数を書きましょう。　　□1つ10〔30点〕

900+300の計算は、100が □ +3と考え、

答えは、100が □ こで □ です。

**2** 下の数の線で、つぎの数をあらわすめもりに↑と
その数を書きましょう。　　1つ10〔30点〕

① 1000を9こと、100を2こあわせた数
② 9000より300小さい数
③ 8050

8000　　　　　　　　9000　　　　　　　　10000

**3** 計算をしましょう。　　1つ10〔40点〕

① 500+600　　　　② 800+900

③ 1400−700　　　　④ 1200−800

答えは
72ページ

# 16　図をつかって考えよう

／100点

**1** プールで何人かおよいでいました。14人帰ったので、のこりが16人になりました。

　　はじめにプールにいたのは何人でしょうか。

❶　□にあてはまる
　　数を書きましょう。

□1つ10〔20点〕

はじめに□人

あ □ 人　のこり

い □ 人帰った

❷　式と答えを書きましょう。

〔30点〕

【式】

答え（　　　　　　　）

**2** みくさんは、シールを40まいもっていました。友だちに何まいかもらったので、ぜんぶで60まいになりました。

　　友だちに何まいもらったでしょうか。

❶　□にあてはまる
　　数を書きましょう。

□1つ10〔20点〕

い □ まい

ぜんぶで □ まい

あ □ まい　はじめに

□まいもらった

❷　式と答えを書きましょう。

〔30点〕

【式】

答え（　　　　　　　）

## 16　図をつかって考えよう

/100点

**1** 計算を 15 だいやりましたが、まだ 17 だいのこっています。はじめに計算は何だいあったでしょうか。〔25点〕

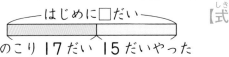

はじめに □ だい

のこり 17 だい　15 だいやった

【式】

答え（　　　　　　）

**2** 色紙を 19 まい買ったので、ぜんぶで 45 まいになりました。はじめに何まいもっていたでしょうか。〔25点〕

ぜんぶで 45 まい

はじめに □ まい　19 まい買った

【式】

答え（　　　　　　）

**3** 広場に子どもが 35 人いました。何人か帰ったので、のこりが 17 人になりました。何人帰ったでしょうか。〔25点〕

はじめに 35 人

のこり 17 人　□ 人帰った

【式】

答え（　　　　　　）

**4** 8 m の赤いテープに青いテープをつなげたら、あわせて 15 m になりました。青いテープは何 m でしょうか。〔25点〕

【式】

答え（　　　　　　）

答えは72ページ

## 17　1を分けて

／100点

**1** 色をぬったところが、もとの大きさの $\frac{1}{2}$ になっている

図をすべてえらびましょう。　　　〔17点〕

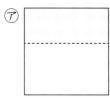  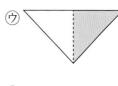

（　　　　　）

**2** つぎの大きさになるように色をぬりましょう。　1つ16〔32点〕

❶ $\frac{1}{2}$

❷ $\frac{1}{4}$

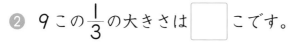

**3** □にあてはまる数を書きましょう。　1つ17〔51点〕

❶ 15この $\frac{1}{3}$ の大きさは □ こです。

❷ 9この $\frac{1}{3}$ の大きさは □ こです。

❸ $\frac{1}{8}$ の大きさを □ 倍すると、もとの大きさに

なります。

# 17　1を分けて

／100点

**1** □にあてはまる記ごうや数を書きましょう。　1つ15〔60点〕

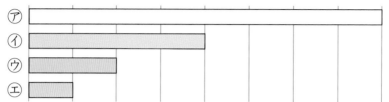

① テープ⑦の $\frac{1}{4}$ の長さのテープは、□ です。

② テープ⑦は、テープ①の □ 倍の長さです。

③ テープ □ の $\frac{1}{2}$ の長さのテープは、⑦です。

④ テープ □ の8倍の長さのテープは、⑦です。

**2** 色をぬったところの大きさは、もとの大きさの何分の一でしょうか。

1つ10〔40点〕

①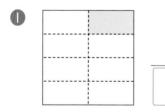

②

③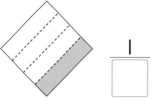

④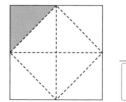

答えは
72ページ

## かくにん 31

### 2年のまとめ
力だめし ①

／100点

**1** つぎの数を書きましょう。　　　　　　1つ4〔12点〕

① 1000を5こと、10を8こ
あわせた数　　　　　　　（　　　　　　　）

② 10を29こあつめた数　　（　　　　　　　）

③ 1000を10こあつめた数　（　　　　　　　）

**2** 計算をしましょう。　　　　　　　　1つ6〔36点〕

① 27+48　　② 68+85　　③ 76+27

④ 91-67　　⑤ 107-99　　⑥ 162-77

**3** つぎの長さは何m何cmでしょうか。　1つ8〔16点〕

① 7m80cmのロープから
3m切りとった長さ　　　（　　　　　　　）

② 7m80cmのロープから
4m60cm切りとった長さ　（　　　　　　　）

**4** 計算をしましょう。　　　　　　　　1つ6〔36点〕

① 5×6　　② 3×7　　③ 4×8

④ 8×5　　⑤ 7×8　　⑥ 9×2

答えは
**72ページ**

## かくにん 32

# 2年のまとめ
## 力だめし ②

/100点

10分

**1** □にあてはまる数を書きましょう。　　1つ10〔40点〕

① 1時間15分＝ □ 分　② 8cm1mm＝ □ mm

③ 74dL＝ □ L □ dL　④ 9dL＝ □ mL

**2** 下の図で、長方形、正方形、直角三角形はどれでしょうか。それぞれすべてえらびましょう。　　1つ10〔30点〕

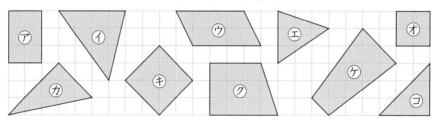

① 長方形　　　② 正方形　　　③ 直角三角形

（　　　）　　（　　　）　　（　　　）

**3** 右のはこの形について答えましょう。　　1つ15〔30点〕

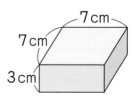

7cm
7cm
3cm

① 正方形の面はいくつあるでしょうか。

（　　　）

② 長さが3cmの辺はいくつあるでしょうか。

（　　　）

答えは72ページ

# 答え

## 1 ▶ 3・4ページ

1 ▶ ① どうぶつの 数しらべ ③ うさぎ

④ 馬と 牛

| | | | ○ |
|---|---|---|---|
| | | | ○ |
| | | ○ | ○ |
| | ○ | | ○ |
| ○ | ○ | | ○ |
| ○ | ○ | ○ | ○ |
| ○ | ○ | ○ | ○ |
| ○ | ○ | ○ | ○ |
| ○ | ○ | ○ | ○ |
| 馬 | やぎ | 牛 | うさぎ |

② どうぶつの 数しらべ

| しゅるい | 馬 | やぎ | 牛 | うさぎ |
|---|---|---|---|---|
| 数 | 5 | 8 | 5 | 9 |

★ ★ ★

1 ▶ ① 生きものの 数しらべ ③ 小鳥

④ 3びき

| | | | ○ |
|---|---|---|---|
| ○ | | | ○ |
| ○ | | | ○ |
| ○ | | ○ | ○ |
| ○ | | ○ | ○ |
| ○ | ○ | ○ | ○ |
| ○ | ○ | ○ | ○ |
| ○ | ○ | ○ | ○ |
| ○ | ○ | ○ | ○ |
| 小鳥 | うさぎ | ねこ | 犬 | 金魚 |

② 生きものの 数しらべ

| しゅるい | 小鳥 | うさぎ | ねこ | 犬 | 金魚 |
|---|---|---|---|---|---|
| 数 | 9 | 2 | 4 | 6 | 10 |

## 2 ▶ 5・6ページ

1 ▶ ① 59 ② 70 ③ 99

2 ▶ ① 87 ② 51 ③ 89

④ 97 ⑤ 98 ⑥ 63

3 ▶ 16+22=38

答え 38 まい

```
  16
+22
  38
```

★ ★ ★

1 ▶ ① 71 ② 25 ③ 60

```
+16    +41    +38
 87     66     98
```

2 ▶ ① 98 ② 97 ③ 39

④ 58 ⑤ 84 ⑥ 90

3 ▶ 43+52=95

答え 95 円

```
  43
+52
  95
```

## 3 ▶ 7・8ページ

1 ▶ ① 42 ② 91 ③ 60

④ 90 ⑤ 81 ⑥ 50

2 ▶ ① 61 ② 28 ③ 70 ④ 90

3 ▶ 21+19=40

答え 40 こ

```
  21
+19
  40
```

★ ★ ★

1 ▶ ① 90 ② 61 ③ 92

④ 50 ⑤ 72 ⑥ 80

**2** ▶ 38+7=45 　　　　　　3 8
　　　答え 45 ページ　　　+　7
　　　　　　　　　　　　　　4 5

**3** ▶ 29+32=61　　答え 61 人

# 4
9・10ページ

**1** ▶ ① 【筆算】　　【たしかめ】
　　　　 7 2　　　　2 6
　　　　+2 6　　　+7 2
　　　　 9 8　　　　9 8

　　② 【筆算】　　【たしかめ】
　　　　 4 8　　　　3 5
　　　　+3 5　　　+4 8
　　　　 8 3　　　　8 3

**2** ▶ ① 7　　② 25

**3** ▶

36+21　17+42　63+12　24+71

42+17　71+24　21+36　12+63

★ ★ ★

**1** ▶ 37+47=84　　答え 84 こ
　　　【筆算】　　【たしかめ】
　　　　 3 7　　　　4 7
　　　　+4 7　　　+3 7
　　　　 8 4　　　　8 4

**2** ▶ ① ○　② ×　③ ○　④ ○

**てびき** **2** ▶ ①は 97円、③は81円、
④は92円だから100円で買えますが、
②は100円より高くなるため、買え
ません。

# 5
11・12ページ

**1** ▶ ① 24　② 12　③ 13
**2** ▶ ① 43　② 10　③ 44
　　　④ 24　⑤ 42　⑥ 20

**3** ▶ 88-62=26　　　　　　8 8
　　　答え 26 円　　　　　-6 2
　　　　　　　　　　　　　　2 6
　　　　★ ★ ★

**1** ▶ ① 44　② 34　③ 34
　　　④ 10　⑤ 32　⑥ 40

**2** ▶ ① 56-34=22　　　　5 6
　　　答え 22 円　　　　-3 4
　　　　　　　　　　　　　2 2

　　② 69-36=33　　　　6 9
　　　答え ラムネ　　　-3 6
　　　　　　　　　　　　3 3

# 6
13・14ページ

**1** ▶ ① 18　② 29　③ 7
　　　④ 6　⑤ 26　⑥ 42
**2** ▶ ① 36　② 9　③ 54　④ 36
**3** ▶ 80-48=32　　　　　8 0
　　　答え 32 円　　　　-4 8
　　　　　　　　　　　　　3 2
　　　★ ★ ★

**1** ▶ ①　 5 4　②　 8 0　③　 9 2
　　　　-2 9　　　-1 7　　　-　4
　　　　 2 5　　　 6 3　　　 8 8

**2** ▶ ① 8　② 8　③ 18　④ 67
**3** ▶ 20-18=2　　　　　　2 0
　　　答え 2 人　　　　　-1 8
　　　　　　　　　　　　　　 2

# 7
15・16ページ

**1** ▶ 57-35　83-40　64-56　49-7

8+56　22+35　42+7　43+40

**2** ▶ ① 40-31=9　　　　　4 0
　　　答え 9 こ　　　　　-3 1
　　　　　　　　　　　　　　 9

❷
$$\begin{array}{r} 9 \\ +31 \\ \hline 40 \end{array}$$

★ ★ ★

**1** ❶ 56−18=38　答え 38台
❷ 38+18=56　答え 56台

**2** ❶ 【筆算】　【たしかめ】
$$\begin{array}{r} 81 \\ -45 \\ \hline 36 \end{array} \qquad \begin{array}{r} 36 \\ +45 \\ \hline 81 \end{array}$$

❷ 【筆算】　【たしかめ】
$$\begin{array}{r} 90 \\ -73 \\ \hline 17 \end{array} \qquad \begin{array}{r} 17 \\ +73 \\ \hline 90 \end{array}$$

**8** 　　　　　　　　　17・18ページ

**1** ❶ 62 mm　❷ 45 mm
**2** (つぎのように むすぶ。)
　　❶—エ　　　　❷—ア
　　❸—イ　　　　❹—ウ
**3** ❶ 40　　　　❷ 27
　　❸ 5　　　　❹ 5、9
**4** ❶ 32 mm　❷ 7 cm

てびき **4**
　❶ 3cm＝30mm
　❷ 7cm＝70mm

★ ★ ★

**1** ❶ 6 cm(60 mm)
　❷ 7 cm 5 mm(75 mm)
**2** ❶ 4　　　　❷ 17、1、7
**3** ❶ 100　　　❷ 6、4
　　❸ 8　　　　❹ 39
**4** ❶ mm　　　❷ cm

**9** 　　　　　　　　　19・20ページ

**1** (ものさしで 長さを はかって
　たしかめましょう。)
**2** ❶ 11 cm 2 mm
　❷ ①の 直線が 1 cm 2 mm
　　長い。
**3** ❶ 8、8　　❷ 5、3
　　❸ 9、9　　❹ 4、2

★ ★ ★

**1** ❶ 18、4　　❷ 7、6
　　❸ 4、5　　❹ 8、5
**2** ❶ 4 cm　　❷ 5 cm 2 mm
　　❸ 1 cm 2 mm
**3** 25 cm−18 cm=7 cm　答え 7 cm

てびき **2**
　❶ 3cm＋1cm＝4cm
　❷ 2cm＋3cm2mm＝5cm2mm
　❸ 5cm2mm−4cm＝1cm2mm

**10** 　　　　　　　　　21・22ページ

**1** ❶ 7　　　　❷ 1
**2** ❶ 808　❷ 400　❸ 720
**3** ❶ 10
　　❷ あ 70　い 430　う 570
　　❸　　　　　260 340
　0　100 200 300 400 500 600
　（目盛り）
　　❹ 260＜340

★ ★ ★

**1** ❶ あ 410　い 440　う 460
　　❷ え 760　お 775
**2** ❶ ＜　❷ ＞　❸ ＞　❹ ＞

**3** ① 280 ③ 440 ② 550

0 ... 500 ...

## 11  23・24ページ

**1** ① 390　② 47　③ 10

**2** ① 6、130　② 8、50

**3** ① 900　② 300
　　③ 390　④ 420

★ ★ ★

**1** ① 4、5、8　② 4、5、8
　　③ 459　④ 558

**2** ① 999　② 1000　③ 10

**3** ① 140　② 90
　　③ 600　④ 900
　　⑤ 850　⑥ 500

## 12  25・26ページ

**1** ① 135　② 134　③ 109
　　④ 113　⑤ 127　⑥ 139

**2** ① 144　② 151　③ 110
　　④ 105　⑤ 104　⑥ 100

**3** ① 653　② 375

★ ★ ★

**1** ① 119　② 133　③ 166
　　④ 100　⑤ 102　⑥ 101

**2** ① 826　② 394　③ 460

**3** 95+8=103　　　　95
　　答え 103 こ　　　+ 8
　　　　　　　　　　 103

## 13  27・28ページ

**1** ① 62　② 70　③ 89
　　④ 97　⑤ 8　⑥ 96

**2** ① 433　② 538

**3** 108−29=79　　　　108
　　答え 79 本　　　−  29
　　　　　　　　　　　 79

**4** ① 29　② 57

てびき **4**
　① 19+2+8=19+10=29
　　　　①
　② 4+37+16=20+37=57
　　　　①

★ ★ ★

**1** ① 91　② 73　③ 202

**2** ① 89　② 91
　　③ 9　④ 54

**3** ① 58　② 117

**4** 16+18+12=46
　　　　　　　答え 46 こ

てびき **3**
　① 8+25+25=8+50=58
　② 26+17+74=100+17=117
**4** 16+(18+12)=16+30=46

## 14  29・30ページ

**1** ① 10 分間　② 20 分間
　　③ 1 時間(60 分間)

**2** ① 60　② 80　③ 24
　　④ 1、10　⑤ 1

★ ★ ★

**1** ① 午後 3 時　② 2 時間

**2** ① 1 ② 1、5 ③ 12、12

**3** 午後 5 時 40 分

**15**

31・32ページ

- 1 ❶ 1 L 5 dL　❷ 2 L 3 dL
- 2 ❶ 700　❷ 80
- 3 ❶ 8　❷ 3、4
- ❸ 3、3　❹ 6、1
- 4 ❶ L　❷ mL

★ ★ ★

- 1 ❶ 1 L 2 dL　❷ 3 L 6 dL
- 2 ❶ 5　❷ 4、9
- 3 ❶ 300　❷ 5、7
- ❸ 3、1　❹ 5、7
- 4 ❶ <　❷ >　❸ >

てびき 4
- ❶ 300mL＝3dL
- ❷ 5L＝5000mL　❸ 600dL＝60L

**16** 33・34ページ

- 1 ⑦、①、⑦に○
- 2 ❶ 辺　❷ ちょう点
- ❸ 三角　❹ 四角
- 3 ❶【れい】　❷【れい】

★ ★ ★

- 1 ❶ ⑦、⑦、コ
- ❷ ①、⑦、⑦、サ
- ❸ エ、オ、⑦、⑦
- 2 ❶ 3、3　❷ 4、4
- 3【れい】
  直線ではない線があるから。

**17** 35・36ページ

- 1 ⑦、⑦
- 2 ❶ 直角、辺　❷ 直角三角形
- 3 ❶ ⑦、⑦　❷ ⑦、コ
- ❸ オ、⑦

★ ★ ★

- 1 ❶
  【れい】

- ❷
  【れい】

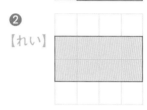

- 2 2 つ
- 3 ❶ 18cm　❷ 28cm

**18** 37・38ページ

- 1 ①
- 2 ❶ 7　❷ 5、5、5
- 3 ❶ 8×2＝16　答え 16 こ
- ❷ 2×5＝10　答え 10 こ

★ ★ ★

- 1 ❶ 3×2　❷ 7×3
- 2 （つぎのようにむすぶ。）
- ❶—⑦　❷—①
- ❸—エ　❹—⑦
- 3 6×2＝12　答え 12 こ

## 19　39・40ページ

1) ① 5×2=10
 ② 5×3=15
 ③ 5×4=20
2) ① 2×3=6　　　答え 6こ
 ② 2×4=8　　　答え 8こ
3) ① 30 ② 10 ③ 45 ④ 14

★ ★ ★

1) (つぎのようにむすぶ。)
 ①—ウ　　　②—エ
 ③—イ　　　④—ア
2) 2×7=14　　　答え 14こ
3) ① 5×3=15　　答え 15こ
 ② 5×6=30　　答え 30こ

## 20　41・42ページ

1) ① 3×6=18　　　　18人
 ② あ 3×7=21　　　21人
 　 い 3×8=24　　　24人
 　 う 3×9=27　　　27人
 ③ 3人
2) ① 4　　　　② 12
 ③ 28　　　④ 20
 ⑤ 36　　　⑥ 8

★ ★ ★

1) ① 3　　　② 4
2) (つぎのようにむすぶ。)
 ①—ウ　　　②—エ
 ③—イ　　　④—ア
3) 3×3=9　　　答え 9cm
4) 4×6=24　　　答え 24こ

## 21　43・44ページ

1) ① 42 ② 18 ③ 12 ④ 36
 ⑤ 30 ⑥ 54 ⑦ 6 ⑧ 48
2) ① 6　　　② 3×6
3) ① 28　　　② 63
 ③ 35　　　④ 49
 ⑤ 21　　　⑥ 42
 ⑦ 14　　　⑧ 56

★ ★ ★

1) ① 42　② 2　　③ 42
 ④ 6　　⑤ 42
2) ① 6　　　② 7
3) 6×4=24　　　答え 24人

## 22　45・46ページ

1) ① 24 ② 16 ③ 40 ④ 48
 ⑤ 8 ⑥ 32 ⑦ 64 ⑧ 72
2) ① 1×3=3　　　答え 3円
 ② 1×8=8　　　答え 8cm
3) ① 18　　　② 45
 ③ 63　　　④ 36
 ⑤ 81　　　⑥ 27

★ ★ ★

1) ① 8　　　② 9
2) ① 8×4=32　　答え 32円
 ② 8×7=56　　答え 56円
3) 1×9=9　　　答え 9本
4) 9×8=72　　　答え 72こ

**23** 47・48ページ

1 【れい】
 ❶ [図]
 ❷ [図]

2 ❶ 7この3倍
 ❷ 7×3=21　答え 21こ

3 ❶ 8×5=40　答え 40円
 ❷ 40+95=135　答え 135円

★ ★ ★

1 ❶ 5×3=15　答え 15人
 ❷ 2×6=12　答え 12本

2 6×3=18　答え 18こ

3 【れい】4×4=16、16−2=14
　　　　　答え 14まい

4 7×2=14、14−9＝5
　　　　　答え 5こ

**24** 49・50ページ

1 ❶ 120 cm　❷ 20 cm

2 ❶ 3　❷ 180

3 ❶ 7、30　❷ 3、9

4 ❶ cm　❷ m

★ ★ ★

1 ❶ 8　❷ 2、95
 ❸ 607　❹ 3、60

2 ❶ 3、80　❷ 2、40
 ❸ 3、20

3 105 cm、1 m 5 cm

てびき 3 35 cm のテープ3本の
長さは、
35 cm＋35 cm＋35 cm＝105 cm
105 cm＝100 cm＋5 cm＝1 m 5 cm

**25** 51・52ページ

1 ❶ 8　❷ 7×9
 ❸ 2×9、3×6、6×3、9×2
 ❹ 7のだん

2 3、33

★ ★ ★

1 ❶ 6　❷ 3

2 （つぎのようにむすぶ。）
 ❶—④　❷—エ　❸—⑦　❹—ウ

3 ❶ 4×6=24、4×8=32、
　24+32=56　答え 56
 ❷ 4×9=36、4×5=20、
　36+20=56　答え 56

**26** 53・54ページ

1 ❶ 6　❷ 長方形　❸ 1

2 ④

3 ❶ 8こ　❷ 4本

★ ★ ★

1 ❶ 2　❷ 4　❸ 8　❹ 8

2 ⑦

**27** 55・56ページ

1 ❶ 3231　❷ 2304

2 ❶ 6　❷ 9　❸ 0　❹ 4

3 ❶ ＞　❷ ＜　❸ ＜　❹ ＞

4 ❶ 1500　❷ 27

★ ★ ★

1 ❶ 6703　❷ 2005

2 ❶ 7003　❷ 3、6、8
 ❸ 3748

3 ❶ 4000　❷ 51

**4** ❶ < ❷ <

57・58ページ

**1** ❶ 2000　❷ 9900
　　❸ 10

**2** ❶ 100
　　❷ ⓐ 5300　　ⓘ 7500
　　　　ⓤ 9800
　　❸ 5000　6000　7000　8000　9000　10000
　　　　（数直線、矢印は9800のあたり）

**3** ❶ 1200　❷ 1300
　　❸ 900　❹ 800

★　★　★

**1** 9、12、1200
**2** 8000　　9000　　10000
　　（数直線）
　　❸8050　❷8700　❶9200
**3** ❶ 1100　❷ 1700
　　❸ 700　❹ 400

---

29

59・60ページ

**1** ❶ ⓐ 16　　ⓘ 14
　　❷ 16+14=30　　答え 30人
**2** ❶ ⓐ 40　　ⓘ 60
　　❷ 60-40=20
　　　　　　答え 20まい

★　★　★

**1** 17+15=32　　答え 32だい
**2** 45-19=26　　答え 26まい
**3** 35-17=18　　答え 18人
**4** 15-8=7　　　答え 7m

---

30

61・62ページ

**1** ⓘ、ⓤ、ⓚ
**2** 【れい】
　　❶ （帯グラフ）
　　❷ （帯グラフ）
**3** ❶ 5　❷ 3　❸ 8

★　★　★

**1** ❶ ⓤ　❷ 2　❸ ⓘ　❹ ⓔ
**2** ❶ 8　❷ 2　❸ 4　❹ 8

---

31

63ページ

**1** ❶ 5080　❷ 290
　　❸ 10000
**2** ❶ 75　❷ 153　❸ 103
　　❹ 24　❺ 8　❻ 85
**3** ❶ 4 m 80 cm　❷ 3 m 20 cm
**4** ❶ 30　❷ 21　❸ 32
　　❹ 40　❺ 56　❻ 18

てびき **2**

❶　 27
　 +48
　　75

❷　 68
　 +85
　 153

❸　 76
　 +27
　 103

❹　 91
　 -67
　　24

❺　 107
　 - 99
　　　8

❻　 162
　 - 77
　　85

---

32

64ページ

**1** ❶ 75　❷ 81
　　❸ 7、4　❹ 900
**2** ❶ ⓣ　❷ ⓞ、ⓚ　❸ ⓚ、ⓞ
**3** ❶ 2　❷ 4

3 2 1 0 9 8 7 6 5 4
＊ ＊ D C B A